MOYENS

DE

FORCER LES TORRENTS DES MONTAGNES,

DE RENDRE A L'AGRICULTURE

UNE PARTIE DU SOL QU'ILS RAVAGENT,

ET D'EMPÊCHER

LES GRANDES INONDATIONS DES FLEUVES

ET DES PRINCIPALES RIVIÈRES;

PAR M. ROZET,

ANCIEN ÉLÈVE DE L'ÉCOLE POLYTECHNIQUE.

PARIS,

MALLET-BACHELIER, IMPRIMEUR-LIBRAIRE

DU BUREAU DES LONGITUDES, DE L'ÉCOLE POLYTECHNIQUE,

QUAI DES AUGUSTINS, n° 55.

1856

MOYENS

DE

FORCER LES TORRENTS DES MONTAGNES,

DE RENDRE A L'AGRICULTURE

UNE PARTIE DU SOL QU'ILS RAVAGENT,

ET D'EMPÊCHER

LES GRANDES INONDATIONS DES FLEUVES

ET DES PRINCIPALES RIVIÈRES;

PAR M. ROZET.

ANCIEN ÉLÈVE DE L'ÉCOLE POLYTECHNIQUE.

PARIS,

MALLET-BACHELIER, IMPRIMEUR-LIBRAIRE

DU BUREAU DES LONGITUDES, DE L'ÉCOLE POLYTECHNIQUE

QUAI DES AUGUSTINS, N° 55.

1856

Mallet-Bachelier

PARIS. — IMPRIMERIE DE MALLET-BACHELIER,
rue du Jardinet, 12.

MOYENS

DE FORCER LES TORRENTS DES MONTAGNES

DE RENDRE A L'AGRICULTURE

UNE PARTIE DU SOL QU'ILS RAVAGENT

ET D'EMPÊCHER

LES GRANDES INONDATIONS DES FLEUVES

ET DES PRINCIPALES RIVIÈRES

On fait depuis longtemps d'inutiles efforts dans les départements de l'Isère, des Hautes et Basses-Alpes, pour préserver des ravages des eaux torrentielles les parties cultivées du fond des vallées et gagner du terrain sur les plages couvertes de cailloux. Les travaux qui ont été couronnés de succès, et résistent depuis plusieurs années, sont tout à coup détruits, et les cultures qu'ils préservaient enfouies de nouveau sous des masses de cailloux et de graviers. Un fait qui paraîtra incroyable, c'est que presque tous ces travaux, entrepris pour diminuer l'effet destructeur des torrents, ont eu pour résultat de l'augmenter, ou au moins de porter le mal d'un point sur un autre, en l'aggravant presque toujours. La suite démontrera complétement ce que j'avance ici, on peut aussi s'en convaincre en lisant les excellents mémoires publiés sur cette matière par M. Surell, ingénieur des Ponts et Chaussées (1) et M. Scipion Gras, ingénieur des Mines (2).

Mon but n'est pas seulement de critiquer ce qui a été fait jusqu'ici, mais aussi d'exposer les résultats des études que j'ai commencées en 1843, dans les Alpes dauphinoises, et que j'ai continuées pendant les années 1848 et 1849 dans les Pyrénées, 1851, 1853 et 1854 dans les Hautes et les Basses-Alpes. Ayant lu avec une grande attention les ouvrages de MM. Surell et Gras, j'ai eu la satisfaction de voir que nous sommes parvenus à peu près tous les trois aux mêmes résultats et à cette conclusion : que pour arrêter le mal causé par les torrents, il faut l'attaquer à sa source. Nous différons uniquement dans les moyens ; ces deux ingénieurs ont publié leurs observations et ceux qu'ils proposent, j'imite leur exemple.

Ce mémoire est divisé en six parties :

1° La description géologique du sol, celle des diverses parties qui composent un torrent, et celle du lit de la rivière dans laquelle viennent se décharger plusieurs torrents ; les principaux phénomènes que ceux-ci présentent pendant la fonte des neiges, les pluies et les orages ;

2° Les raisons qui obligent à exécuter les travaux dans toute l'étendue du bassin de la rivière dans laquelle on veut conquérir du terrain ;

3° Quels sont les travaux à exécuter et les résultats auxquels ils conduiront.

4° Quelle sera approximativement la dépense, et par suite le prix de revient de l'hectare conquis ;

5° Les travaux ne peuvent être entrepris que par une compagnie à laquelle serait attribué le bénéfice de la loi d'expropriation pour cause d'utilité publique. Et les conditions auxquelles cette compagnie pourra rendre aux propriétaires les terrains cultivables.

(1) *Etudes sur les torrents des Hautes-Alpes.* Paris, 1841.

(2) *Exposé d'un nouveau système de défense contre les cours d'eau torrentiels des Alpes.* Paris et Grenoble, 1810.

6° Comment les travaux exécutés dans les hautes régions des bassins des fleuves et des rivières, peuvent préserver les contrées en aval des grandes inondations qui viennent de ravager une partie de la France.

§ I. — Constitution géologique.

L'existence et l'établissement d'un torrent dépendant complétement de la constitution géologique du sol, nous devons donc d'abord la faire connaître. Celle de la partie méridionale du département de l'Isère, ainsi que celle des départements des Hautes et Basses-Alpes, est extrêmement simple et sensiblement la même : des marnes argileuses noirâtres ou bleuâtres, passant souvent au phyllade, entrecoupées de strates calcaires, plus ou moins nombreux, plus ou moins solides, forment la base de presque toutes les montagnes et quelquefois les montagnes entières, dont l'altitude varie de mille à trois mille mètres ; des masses de gypse exploitées se montrent souvent au milieu de ces marnes, et de nombreux filons de spath calcaire viennent fréquemment les couper dans le sens vertical, et former les premières traces des ravins. Cette assise marneuse appartient au groupe du lias. Les marnes sont recouvertes, à stratification concordante, par des roches solides : entre le Drac et la Durance ce sont des grès ou macignos et calcaires, dont d'énormes blocs se rencontrent en abondance sur les flancs et dans le fond des vallées. Au-dessus de ces grès, vient une puissante assise calcaire qui a souvent plus de mille mètres d'épaisseur. Au sud de la Durance, les grès manquent très-souvent, et les calcaires reposent directement sur les marnes et à stratification concordante. Cette grande masse calcaire, qui représente, dans les Alpes, l'étage oolitique moyen, calcaire de la Porte-de-France à Grenoble, est parfaitement stratifiée, et généralement coupée d'une infinité de fissures qui rendent très-facile sa désagrégation. Sur plusieurs points cependant, on rencontre des masses solides semi-cristallines dont quelques-unes fournissent des marbres estimés. La roche dominante est un calcaire gris, compacte, généralement très-fissuré, quelquefois schistoïde et se désagrégeant très-facilement sous l'influence des agents atmosphériques. Les collines marneuses mêmes des montagnes sont aussi quelquefois recouvertes par des masses de poudingues et de macignos solides qui, pour le but que nous nous proposons, jouent ici le même rôle que les calcaires; nous ne parlons point des roches cristallines qui se montrent sur quelques points des hautes montagnes, parce qu'elles n'ont pas d'importance pour la question.

Partout où l'assise marneuse est recouverte par les calcaires (*fig.* 1), on voit ceux-ci former, au-dessus d'elle, des escarpements à pic, ou toujours très-rapides, dont la hauteur varie depuis cent jusqu'à mille mètres. Au-dessous de ces escarpements, les marnes forment des talus plus ou moins inclinés, recouverts çà et là de débris de toutes les grosseurs, tombés de l'escarpement qui les domine (*fig.* 3). On remarque que les plus gros blocs gisent au pied des talus et que la pierraille y forme des revêtements plus ou moins considérables. Tous ces débris sont fournis par l'escarpement, dont la gelée pendant l'hiver, l'infiltration des eaux, et l'influence des autres agents atmosphériques dans toutes les saisons, détachent continuellement des fragments. Dans le même temps, la marne qui se trouve immédiatement au pied de l'escarpement est emportée par l'infiltration des eaux, et les matériaux de celui-ci, très-fissurés, n'ayant plus de support, tombent d'eux-mêmes. On voit, d'après cela, qu'il doit se produire presque continuellement des éboulements dans les escarpements qui couronnent les talus marneux, et que les nappes de pierrailles qui recouvrent ceux-ci doivent aller continuellement en augmentant : c'est effectivement ce qui a lieu. Il arrive quelquefois que ces nappes s'élèvent assez pour recouvrir entièrement le talus marneux jusqu'au pied de l'escarpement calcaire ; ce talus se trouve alors à l'abri de la destruction : en effet, l'eau qui tombe à la surface du revêtement de pierrailles se divise en une infinité de filets si petits qu'ils n'ont pas la force d'entraîner les fragments arc-boutés les uns contre les autres. Lorsque plusieurs filets, se réunissant, viennent à commencer de creuser un ravin, les berges de celui-ci, s'éboulant presque aussitôt, le comblent et forcent les filets à se diviser de nouveau. Ainsi, toutes les fois qu'un talus marneux se trouve recouvert d'un revêtement de pierrailles, il cesse d'être corrodé par les eaux. Dans plusieurs flancs de montagnes, le pied de l'escarpement de calcaire compacte, ou toute autre roche solide, se trouve si près de celui du talus marneux, que celui-ci est préservé depuis si longtemps, qu'on n'y reconnait aucune trace du passage des eaux. Mais il en est bien autrement sur tous les points où les talus marneux se montrent à nu sur une certaine hauteur; ils sont coupés de ravins plus ou moins profonds (*fig.* 2), que les eaux augmentent continuellement. L'élargissement progressif de ceux-ci fait qu'avec le temps plusieurs se réunissent ensemble et donnent alors naissance à un autre considérable, qui prend le nom de torrent.

D'après ce qui précède, il est clair qu'il ne doit exister de torrents que dans les endroits où les talus marneux sont à découvert sur une grande élévation; c'est du reste ce dont il est facile de se convaincre en parcourant la vallée d'une rivière alimentée par des torrents. Ceux-ci n'existent jamais sur les points où le pied des escarpements calcaires descend près du fond de la vallée, ni dans les endroits où les talus marneux sont entièrement recouverts de pierrailles.

On comprend parfaitement que la configuration de la surface du sol a dû avoir une grande influence sur la formation des torrents dans les talus marneux. Tous les observateurs qui ont parcouru les hautes montagnes ont remarqué que les affluents des rivières et les rivières elles-mêmes partent de cirques plus ou moins considérables dont l'origine peut être attribuée à des dépressions du sol, dans lesquelles l'action corrosive des eaux s'exerce depuis la formation des montagnes. Ces cirques sont nombreux dans les Alpes, les grandes vallées en offrent de très-vastes vers leur origine, et de moins considérables le long de leur cours, qui forment celle des vallées transversales. Leurs flancs présentent généralement des talus marneux couronnés par des escarpements de calcaire compacte, qui ont jusqu'à mille mètres de hauteur. Ces talus sont sillonnés de ravins plus ou moins profonds (*fig.* 4), qui viennent tous aboutir à un grand canal creusé dans le fond du cirque et dans lequel se rendent les eaux qui coulent de ses flancs. Ce canal sort du cirque par une gorge plus ou moins étroite, comprise entre des rochers à pic, souvent très-élevés. Toutes les pentes qui plongent vers le cirque versent leurs eaux dedans. Toute la surface du sol dont les eaux se rendent dans le cirque et le cirque lui-même constituant ce que M. Surell nomme *bassin de réception* (*fig.* 4, ABC). Les roches très-fissurées des escarpements, se détruisant journellement sous l'influence des agents atmosphériques, et aussi par suite du ravinement des marnes inférieures par les eaux, laissent continuellement tomber des débris pierreux qui roulent sur les talus, et dont une grande partie va s'accumuler dans le canal du fond du cirque, comme les eaux qui coulent sur les flancs DE. C'est pour cela que M. Surell le nomme *canal de réception*. Les matériaux pierreux s'accumulent dans ce canal, parce que les eaux qui y passent dans les temps ordinaires n'ont pas la force de les entraîner, et surtout parce que ces eaux venant en petite quantité, relativement aux moments des grandes pluies, les matériaux, distribués très-irrégulièrement, les forcent à se diviser en filets et en petites nappes. Tous les matériaux qui tombent des escarpements ne se rendent pas dans le canal de réception; une portion forme des nappes coniques sur les talus marneux, et les gros blocs que l'on voit sur les pentes et le pied de ces talus, proviennent des éboulements qui ont eu lieu dans les escarpements, le plus ordinairement par suite de l'affouillement des marnes inférieures. Remarquons que ces blocs, réunis au pied des talus, servent d'appui aux nappes de pierrailles qui les recouvrent en partie.

Le canal de réception est rarement simple ; il se divise généralement en plusieurs branches, qui viennent se réunir à un gros tronc dont le sommet est plus ou moins éloigné de la gorge du cirque E. C'est là que les matériaux s'accumulent principalement, tant parce qu'ils roulent sur les pentes jusqu'à lui, que parce que les eaux, dans les temps ordinaires, en entraînent toujours une certaine quantité. De cette manière, il y a presque toujours des amas considérables de débris pierreux dans le bas du canal de réception.

Lors des orages, l'immense quantité d'eau tombée dans moins d'une heure, sur la surface du bassin de réception, venant s'accumuler sur le fond du cirque, à cause du peu de largeur de la gorge, souvent obstruée par des amas de pierres, acquiert bientôt une force à laquelle rien ne peut résister. L'eau se précipite alors par la gorge en emportant tout ce qui se trouve devant elle. Au sortir de cette gorge, débouchant sur un sol plus étendu et moins incliné que celui du fond du cirque, elle s'étend, perd notablement de sa vitesse, et laisse déposer une grande partie des matériaux qu'elle charriait; elle couvre ainsi de débris, en formant une nappe conique dont le sommet est vers le débouché de la gorge, un espace plus ou moins étendu E F, que MM. Surell et Gras nomment *lit de déjection*. L'eau, ainsi débarrassée d'une grande partie des matériaux qu'elle emportait, se rend ensuite dans le lit de la rivière en coulant sur une surface F G, que les mêmes ingénieurs nomment *lit d'écoulement*. Un torrent complet se compose donc de quatre parties : le *bassin de réception*, le *canal de réception*, le *lit de déjection* et le *lit d'écoulement*.

La surface du bassin de réception présente des pentes extrêmement variées : dans les parties supérieures, des pelouses couvertes d'herbes, qui nourrissent de nombreux troupeaux, légèrement inclinées vers le périmètre du cirque, viennent subitement se terminer à des escarpements à pic de plusieurs centaines de mètres de hauteur. Ailleurs, les pelouses offrent de fortes ondulations qui constituent de véritables collines. Les parois intérieures du cirque offrent également des inclinaisons très-variées : au-dessous des escarpements, se voient souvent des talus marneux peu inclinés auxquels succèdent des pentes brusques, puis douces jusqu'au fond du cirque, de telle manière que les eaux qui tombent sur ces parois bondissent en cascades jusque sur ce fond. La surface de celui-ci, généralement couverte d'une quantité de débris de toutes les grosseurs, est fort inégale : à côté des amas mobiles que les eaux peuvent emporter, s'en trouvent d'autres, ordinairement butés contre des blocs, dont la végétation s'est déjà emparée.

Le canal de réception contient toujours une certaine quantité de débris pierreux, qui n'attendent qu'une avalanche d'eau pour aller désoler la contrée. Le fond de ce canal, façonné par les eaux, offre une pente assez régulière ; cette pente va en augmentant depuis la gorge du cirque jusqu'à l'origine du canal; en sorte que sa section longitudinale est une courbe qui tourne sa concavité vers le ciel. Cette pente varie entre 0,04 et 0,07 ; M. Surell l'a quelquefois trouvée, dans la partie supérieure, de 0,08. Si l'on ajoute à cela que le fond du canal, formé par une marne argileuse, est très-glissant, on comprendra qu'il est facile aux masses d'eau qui, dans les orages, viennent subitement l'envahir, d'emporter avec elle une grande quantité de débris pierreux.

Le lit de déjection qui se trouve au débouché de la gorge, là où la pente du sol a notablement diminué, et où l'eau peut s'étendre sur une assez grande surface, présente des faits curieux. « Un lit de déjection, dit M. Surell, est « un entassement de cailloux et de blocs jetés sur une « grande étendue de terrain, une plage aride dépouillée de

« culture, de végétation, dépouillée même de sol végétal, « et qui fait naître l'idée d'une grande destruction. La « forme générale est fort remarquable, c'est un monticule « conique très-aplati, accoté à la montagne comme un « contre-fort. Les arêtes qui dessinent sur la surface de ce « cône les lignes de plus grande pente, sont dressées très-« régulièrement suivant des pentes douces, qui s'infléchis-« sent un peu vers le bas, mais avec une parfaite conti-« nuité ; elles partent toutes de l'issue de la gorge qui forme « le sommet du cône. » Ici les matériaux se déposent par ordre de pesanteur, et comme, dans les Alpes, ils proviennent de roches dont la densité est peu différente, le dépôt a lieu par ordre de volume. Les plus gros blocs que l'on rencontre à l'origine des lits de déjection ne cubent pas plus de un à trois mètres ; les plus considérables, pouvant résister à la force entraînante de l'eau, restent dans le bassin et le canal de réception ; il n'est pas rare de rencontrer là des quartiers de rocher qui cubent quarante-huit et même cinquante mètres.

Le lit d'écoulement est l'espace compris entre l'extrémité inférieure du lit de déjection et la rivière dans laquelle tombent les eaux du torrent. « C'est, dit M. Gras, le lit du « torrent après le dépôt d'une partie des détritus de rocher « provenant du bassin de réception ; on y remarque ordi-« nairement plusieurs canaux creusés au milieu de dépôts « de cailloux et de marne (*fig. 4*). »

Sur chaque côté d'une rivière un peu considérable, le Buech, la Sasse, la Bléone, etc., il existe un certain nombre de torrents, présentant toutes les parties que nous venons de décrire ; ces torrents sont d'autant plus considérables qu'ils sont plus voisins de la source de la rivière où les montagnes sont les plus élevées. Dans les petits, qui se montrent généralement dans les vallées étroites, le lit de déjection manque souvent ; alors le lit d'écoulement et le canal de réception se confondent, et quand le lit de déjection existe, le lit d'écoulement manque complétement.

Le lit de chaque rivière dans lequel plusieurs torrents viennent se décharger, présente une suite d'étranglements et de renflements fort remarquables (*fig.* 5). La largeur des uns et des autres va généralement en augmentant, de la source vers l'embouchure. Les étranglements sont des canaux étroits, qui n'ont souvent pas plus de vingt mètres de large au niveau de l'eau, resserrés entre des rochers à pic de plusieurs centaines de mètres de hauteur. Ceux-ci s'écartent en s'élevant et souvent de manière à laisser entre eux une largeur de plus de cent mètres, à vingt mètres de hauteur. Les renflements offrent de grandes plages couvertes de cailloux et de quelques petits dépôts de limon, dont la végétation s'est souvent déjà emparée, ravinées par le passage des eaux. La largeur de ces plages atteint souvent deux kilomètres, et la longueur trois à quatre (*fig.* 7). Ici la rivière suit rarement un canal unique; elle se divise ordinairement en plusieurs branches, dont une est toujours plus considérable que les autres. Les lits et le nombre de ces branches varient à chaque crue, par le fait des nouveaux dépôts qui se font sur la plage. C'est dans les renflements qu'il est possible de reprendre à la rivière une grande partie du terrain qu'elle a enfoui sous ses dépôts pierreux, comme nous le démontrerons bientôt.

Dans les vallées des rivières, pendant les chaleurs de l'été, les grandes plages caillouteuses sont presque à sec; on n'y voit bien souvent que de minces filets d'eau, que l'on traverse facilement à pied; il en est de même des lits des torrents, dont beaucoup sont entièrement à sec, et dont les canaux de réception des autres sont parcourus par de petits ruisseaux qui disparaissent souvent sous les pierres qui les encombrent. Les eaux des grandes rivières elles-mêmes, le Drac, la Durance, le Verdon, laissent alors à découvert une immense quantité de terrain, qu'elles inondent à la première grande pluie, pour l'abandonner de nouveau un ou deux jours après.

Quand les neiges commencent à fondre, vers la fin du

mois de mai, par l'effet de la chaleur du soleil, les eaux des bassins de réception se rendent alors, d'une manière continue, dans le canal de réception d'où elles passent sur le lit de déjection, puis sur celui d'écoulement pour se rendre dans la rivière. Celle-ci croît alors d'une manière assez régulière, depuis huit heures du matin jusque vers quatre heures du soir, puis elle baisse jusque vers huit heures du lendemain matin, pour recroître ensuite. Ce flux et reflux se continue assez régulièrement pendant tout le temps de la fonte des neiges, tant qu'il ne vient pas de pluies qui changent alors subitement le régime des eaux. Les crues régulières et continues n'emportent qu'une petite quantité de matériaux accumulés dans les canaux de réception; mais comme une rivière un peu étendue reçoit les eaux d'un grand nombre de torrents, il s'en trouve encore une assez grande quantité dans son lit pour perdre les champs cultivés, qu'elle inonde en passant. D'autre part, chaque rétrécissement de la vallée retenant les eaux, elles forment un lac dans le renflement en amont, et en sortant de la gorge, elles s'épanchent avec une grande vitesse sur celui en aval, où elles déposent une partie de leurs cailloux; ce qui se continue jusqu'à l'embouchure, vers laquelle elles ne déposent plus que du limon mélangé de petits débris pierreux.

Mais dans les orages où il arrive subitement, souvent en moins d'une heure, une grande quantité d'eau dans le bassin de réception, les choses se passent d'une manière toute différente : l'eau, tombant en cascade sur les pentes escarpées, s'accumule bientôt sur le fond du bassin, dont la gorge étroite et presque toujours obstruée retarde son écoulement et forme une masse qui s'élève à une hauteur considérable. Cette masse roule sur elle-même, parce que la vitesse de sa partie inférieure, diminuée par le frottement sur le sol pierreux et les débris transportés, est moindre que celle de sa partie supérieure; elle se précipite vers la gorge avec fureur, en emportant une grande quantité de matériaux. Cheminant à la manière des avalanches de neige, elle s'augmente de toutes les autres masses qu'elle trouve sur sa route et vient traverser la gorge avec une vitesse excessive, puis dépose, en s'étalant sur le lit de déjection, une partie des pierres qu'elle transporte; mais elle en charrie encore une grande quantité dans la rivière. Celle-ci, recevant à la fois un grand nombre de pareilles masses, s'élève subitement et dévaste tout le terrain qu'elle inonde, avec une si grande vitesse, qu'elle noie les animaux et même les hommes qui n'ont pas eu le temps de fuir. Dans ces sortes de crues, la rivière s'élève subitement à une grande hauteur, et souvent, en moins de vingt-quatre heures, elle est rentrée dans son lit; mais il y a eu de grands dégâts, qui n'auraient pas eu lieu si l'eau avait mis vingt-quatre heures à sortir des bassins de réception; il n'y a rien de plus facile que de la forcer à cela, comme nous le dirons plus loin.

En examinant les rivières pendant les crues continues et pendant les crues subites, j'ai remarqué que lorsque l'eau torrentielle qui passe à travers les gorges s'étend en nappes sur les plages, l'épaisseur de ces nappes dépasse rarement trois mètres et souvent même deux; que dans le sens vertical, une nappe se divise en deux zones bien distinctes : l'inférieure, dont l'épaisseur n'atteint jamais la moitié de celle de la nappe d'eau, où se trouvent tous les débris pierreux, cailloux et petits blocs, et l'autre supérieure, où il n'existe que du limon. Sur les plages restées à sec après les crues, j'ai constaté que des blocs bien inférieurs à un mètre cube n'avaient point été déplacés par le courant, et avaient suffi pour déterminer autour d'eux de notables dépôts de cailloux, et que dans les anfractuosités de ceux-ci il s'était formé, dans une seule crue, des dépôts de limon dont l'épaisseur dépassait un décimètre. Quand plusieurs blocs se sont trouvés assez rapprochés et disposés à la suite les uns des autres dans la direction du courant, il s'est formé souvent à leur pied une bande de cailloux et du côté opposé une bande de limon. Ces observations sont complétement d'accord avec la théorie du transport des débris par les torrents, exposée par M. Gras (1) (§ 1er, page 2 et suivantes), qu'il serait trop long de transcrire ici, et à laquelle nous renvoyons le lecteur. Ce qui précède nous paraît suffisant pour l'intelligence du système de barrage que nous proposons, pour changer complétement le régime des torrents des Alpes, et par suite celui des rivières dans lesquelles ils portent leurs eaux, et faire enfin, que de destructeurs qu'ils sont, ils deviennent producteurs.

§ II. — Il faut étendre les travaux dans toute la partie du bassin de la rivière où l'on veut conquérir du terrain.

Dans les ouvrages que l'on a opposés, jusqu'à présent, aux ravages des torrents des montagnes, on n'a eu pour but que de préserver une surface peu considérable, relativement à celle occupée par le lit de la rivière ; le mal n'a jamais été attaqué à sa source. Ces ouvrages très-dispendieux, ayant à résister à des forces d'autant plus considérables qu'ils se trouvent plus loin de la source, après avoir coûté beaucoup d'entretien, sont détruits tout à coup, et le terrain qu'ils préservaient raviné dans tous les sens et enfoui sous une masse de cailloux. En commençant d'établir les ouvrages vers la source, on détruira progressivement la vitesse de l'eau jusqu'aux renflements des vallées, où on peut la forcer à s'étendre en nappes et fertiliser la plus grande partie du terrain qu'elle dévastait auparavant. On comprend bien que les ouvrages qui ralentissent successivement la vitesse de l'eau, la forcent en même temps à déposer une partie des matériaux qu'elle charrie, et qu'après avoir parcouru un certain espace, elle

(1) Ouvrage cité plus haut.

ne transportera plus que le limon fertilisant mélangé de quelques petites pierrailles. C'est alors, et seulement alors, qu'à peu de frais on pourra la forcer à déposer ce limon sur une partie des plages qu'elle baigne dans ses crues, et à s'écouler sur la part qu'on lui aura abandonnée, en s'y creusant un lit, qui s'approfondira aussi par l'élévation du terrain en conquête. D'après les expériences que j'ai faites, cette élévation sera assez rapide pour qu'en moins de deux ans le terrain ne soit plus inondé que dans les fortes crues, celles qui viennent à la suite des grands orages, et encore ce sera-t-il sans danger.

D'après la description que nous avons donnée des torrents et des phénomènes qu'ils présentent, on a déjà compris que les premiers travaux à exécuter doivent avoir pour but d'empêcher, autant que possible, les débris pierreux de s'accumuler dans les canaux de réception et d'en sortir quand ils s'y sont accumulés : c'est-à-dire de transporter le lit de déjection sur le fond du bassin de réception, en amont de la gorge, en aval de laquelle il se trouve maintenant.

§ III. — Quels sont les travaux à exécuter?

Parmi la grande quantité de quartiers de rocher tombés des escarpements, il en est beaucoup de deux à quatre mètres cubes, que les eaux ne déplacent jamais, même dans les plus grandes débâcles. Contre ceux-ci et d'autres plus volumineux, s'appuient souvent des nappes éboulées, pierrailles, qui recouvrent les talus marneux et les préservent de la destruction, en empêchant les ravins de s'y établir. A peu de frais, on parviendra à disposer convenablement au pied des pentes les blocs que l'on peut transporter, souvent même en les faisant rouler tout simplement, de manière à augmenter l'accroissement des revêtements pierreux des talus. On empêchera ainsi une grande partie des matériaux d'éboulement d'arriver au canal de réception. Avec ceux que celui-ci contient, en les entassant convenablement, on pourra faire des barres submersibles qui diminueront la vitesse de l'eau, en rompant les masses qui roulent dans ce canal lors des pluies d'orage, la forceront à laisser sur le fond du bassin une portion des matériaux qu'elle emporte.

Malgré cela, l'eau arrivera encore à la gorge du cirque avec une grande vitesse et chargée d'une grande quantité de débris pierreux. Si, pour empêcher ces matériaux de franchir la gorge, on employait des digues imperméables à l'eau, elles seraient promptement détruites. La gorge d'un cirque est presque toujours formée par des rochers qui s'élèvent à une grande hauteur. Au moyen de la mine, on peut jeter, à peu de frais, une partie de ces rochers dans le canal et l'obstruer jusqu'à la hauteur où il s'élargit notablement par l'écartement de ses flancs (*fig.* 6). En tombant les uns sur les autres, les quartiers de rocher laisseront entre eux des vides qui permettront à l'eau de passer en la divisant en filets. Lorsqu'il en arrivera une assez grande quantité pour déborder par-dessus la digue, elle aura d'abord perdu une partie de sa vitesse en montant, et parvenue en haut, le périmètre mouillé étant plus étendu, l'épaisseur de la masse liquide sera beaucoup diminuée, et par suite sa puissance de transport. On obtiendra ainsi une véritable *digue criblante*, laissant passer l'eau en arrêtant les débris pierreux qu'elle charrie.

En s'accumulant sur le fond du cirque, les débris pierreux tombés des escarpements formeront une masse qui, s'élevant de plus en plus, finira par revêtir les talus marneux des parois, et alors la destruction de ces mêmes parois cessera, par les raisons que nous avons données page 7. Si à ce moment la digue criblante de la gorge n'était plus assez haute pour s'opposer à l'écoulement subit des eaux dans les orages, on ferait de nouveau jouer la mine dans les rochers qui la forment, et elle serait bientôt ainsi élevée convenablement. Il résultera un autre avantage de l'empierrement du fond du cirque : quand il aura acquis une certaine épaisseur, ce sera aussi une véritable digue criblante que la nature aura formée elle-même ; les eaux qui arriveront sur cet empierrement s'infiltrant à travers les débris qui le composent, comme elles le font maintenant à travers les talus de pierrailles qui sont au pied des escarpements ; de telle sorte que, bien souvent, on ne sera pas obligé d'augmenter la hauteur de la barre du cirque. Ce que j'avance ici peut se voir dans plusieurs bassins de réception des Alpes et des Pyrénées, dont le fond est couvert d'une masse de débris, retenus par de gros blocs tombés près des gorges.

Tous ces travaux, simples et peu coûteux, convenablement exécutés dans un bassin de réception, l'ancien lit de déjection n'augmentera plus, et on pourra toujours, ensuite, le colmater en grande partie, en dirigeant les eaux dessus, et rendre à l'agriculture une étendue de terrain assez considérable pour couvrir, au delà, toutes les dépenses faites dans le bassin de réception.

Je connais plusieurs localités, parmi lesquelles je citerai le lit de déjection du torrent du cirque de la Croix de l'Oratoire, au sud de Bayons, arrondissement de Sisteron, où l'on gagnerait ainsi plus de cent hectares de terrain valant mille francs chaque, pour une dépense inférieure à vingt mille francs. Sur les points où les gorges ne sont pas comprises entre des rochers, on pourra les remplir par des blocs faits de toutes pièces avec de la chaux hydraulique (1) et les débris qui sont dans le canal de réception ; mais ce cas se présentera fort rarement. Il sera donc toujours possible d'empêcher une grande partie des matériaux de sortir des bassins de réception.

Dans la vallée d'une rivière des Alpes, les étranglements qui séparent les renflements les uns des autres sont tout à fait semblables aux gorges des cirques ; ils sont presque

(1) Cette chaux est très-commune dans les Alpes, où on la fabrique à peu de frais et en grande quantité.

toujours formés par des rochers s'élevant à une grande hauteur en s'écartant progressivement. Avec des mines, nous jetterons encore une partie de ces rochers dans les gorges des étranglements pour former des digues criblantes (*fig.* 6) aussi longues et aussi hautes que possible. L'eau qui les traversera ou passera par-dessus, dans les crues, n'entraînera plus que du limon. Arrivant ensuite sur la plage en petits filets ou en lames minces, avec une vitesse bien inférieure à celle avec laquelle elle les parcourt maintenant, il sera très-facile de s'en rendre maître.

De tels travaux exécutés dans toutes les parties du cours d'une rivière qui peuvent fournir des débris pierreux à ses eaux, et dans un certain nombre des étranglements de sa vallée, on comprend qu'elles ne pourront plus transporter que très-peu de pareils débris et jamais des cailloux d'une certaine grosseur. Les eaux limoneuses ayant perdu une grande partie de leur vitesse initiale lorsqu'elles arriveront sur les plages des renflements, il sera alors facile de les forcer à s'y étendre pour déposer le limon fertilisant qu'elles tiennent en suspension, comme nous allons l'exposer.

En examinant pendant les sécheresses de l'été les plages des renflements des vallées, dans lesquelles le cours d'eau qui les traverse se divise ordinairement en plusieurs branches, on reconnaît que la plus considérable de ces branches, celle qui suit la zone de plus grande pente, passe au pied des escarpements, ou qu'on peut l'y faire passer à peu de frais; que les canaux des branches secondaires peuvent être facilement comblés à leur origine, où ils n'ont souvent que 0m2 à 0m5 de profondeur, et les eaux ainsi forcées à se rendre toutes, ou à peu près toutes, dans le canal principal. On pourra ainsi laisser sur une des rives de la rivière une large bande de terrain que non-seulement il est possible de préserver des ravages des crues, mais encore de forcer celles-ci à la couvrir de limon, sans jamais la raviner ni y apporter des cailloux. Parvenu à ce résultat, on conçoit que le niveau de cette bande s'élevant à chaque crue, et l'élévation peut dépasser 0m1, il sera bientôt porté au-dessus de celui des crues ordinaires, et, dès lors, cette bande deviendra aussi cultivable que celles des rives de la Seine et de la Saône, inondées seulement dans les grandes crues. Le lit fait à la rivière, qui se creusera continuellement par l'augmentation du volume des eaux (1), se trouvera donc encore approfondi par l'élévation de la bande préservée.

Avant de commencer les travaux de préservation des plages, il faudra connaître approximativement le volume de la masse d'eau qui s'épanche sur elles dans les fortes crues, afin de donner au lit d'écoulement une largeur suffisante pour qu'elle ne puisse pas acquérir une trop grande épaisseur; la direction moyenne du canal principal à laquelle doivent être coordonnés les travaux que l'on veut exécuter; enfin la pente du sol, pour la déterminaison du relief et de la force des digues.

Nous avons dit, § I, que les nappes d'eau chargées de débris pierreux qui viennent envahir les plages n'ont jamais trois mètres d'épaisseur, et que cette épaisseur présente deux zones distinctes : la moins épaisse, inférieure, où se trouvent les cailloux, et la supérieure, qui ne contient que du limon. J'ai dit aussi qu'il suffisait d'un bloc d'un mètre cube pour résister, dans l'état actuel des choses, à l'action entraînante de l'eau et la forcer à déposer près de ce bloc une portion des cailloux et même du limon qu'elle transporte (2). C'est sur ces principes qu'est établi mon système de barrages. La largeur du lit d'écoulement étant fixée sur la plage, à partir du débouché de la gorge en amont, où se trouve établie une digue criblante de blocs entassés, et en partant d'un obstacle naturel, une masse de rochers, par exemple, on établira une ligne de blocs parallèle à l'axe du canal que l'on veut laisser au courant (*fig.* 7). L'expérience m'a prouvé que les blocs pouvaient être placés à dix mètres les uns des autres, et qu'il suffisait d'un volume d'un mètre

(1) Scipion Gras, ouvrage cité, pages 6 et suiv.
(2) Voyez M. Scipion Gras, pages 11, 12 et 13.

cube pour qu'ils soient capables de résister à la force entraînante de l'eau, même dans les plus fortes crues. En leur donnant 1m5 de hauteur, leur sommet dépassera la zone dans laquelle se trouvent les cailloux transportés. Je me suis assuré, par l'expérience, qu'une pareille ligne de blocs, placée sur le passage d'une nappe d'eau torrentielle, en diminue assez la vitesse, en formant des remous sur toute sa longueur, pour déterminer le dépôt des cailloux, qui forme alors une bande étroite tout le long de la ligne, du côté du courant. L'eau qui passe pour aller inonder la portion à conquérir, ne contient plus que du limon et quelques petits graviers; nous aurons donc encore là une digue criblante. Il est clair qu'en établissant la digue il faudra combler les petits canaux qui donnent passage à des filets d'eau dans les crues, ainsi que les petites branches de la rivière qu'elle viendrait à couper; enfin, il faudra, autant que possible, unir le sol, ce qui se fera assez facilement en remuant les cailloux dont il est couvert, pour que l'eau bourbeuse se répande en nappes et non en filets. En traversant la ligne de blocs, cette eau n'aura pas encore perdu assez de sa vitesse pour déposer tout le limon dont elle est chargée, mais on parviendra facilement à la forcer à cela par l'établissement de traverses échelonnées les unes audessous des autres, élevées et distancées proportionnellement à la pente. Pour faire ces traverses, il suffira d'ouvrir de simples fossés, d'une largeur plus ou moins considérable, dont on jettera la douve en aval, pour que les cailloux ne soient pas rejetés dans le fossé par la poussée de l'eau. Ces traverses ainsi établies détruiront tous les petits filets d'eau qui actuellement sillonnent les plages, dans les temps ordinaires. En franchissant chaque traverse, l'eau perdra une partie de sa vitesse et déposera une portion de son limon. Après avoir dépassé la première, elle se trouvera toujours entre deux, la ligne de blocs, en dehors de laquelle la vitesse aura conservé toute son intensité, et le pied de la montagne qui limite la plage, comme dans une caisse, position très-favorable au dépôt du limon. Si dans l'état actuel des choses il peut se déposer des couches de limon qui ont jusqu'à 0m1 d'épaisseur dans les anfractuosités de la plage, par des crues ordinaires, on peut avancer que ces dépôts seront au moins doublés dans nos caisses. Il suffirait donc de cinq crues pour recouvrir d'une couche de limon, de un mètre d'épaisseur, les cailloux qui recouvrent actuellement les plages ; et il se fait certainement plus de dix crues par an.

Il arrivera le plus ordinairement que l'on ne pourra pas se procurer à bon marché des blocs d'un mètre cube. Mais dans nos Alpes et beaucoup d'autres contrées, la chaux hydraulique, faite avec les calcaires de lias, coûte fort peu ; avec les pierres qui couvrent les plages, on pourra construire des piliers qui remplaceront avantageusement les blocs, et de plus, pour les construire, on dépierrera une portion du terrain que l'on veut rendre à l'agriculture. Ce mode de barrage offre encore ces deux avantages : si quelques piliers de la ligne sont emportés, on peut les rétablir aussitôt après la crue, et à peu de frais ; ensuite, comme ils sont très-rapprochés les uns des autres, s'il en tombe un entre deux, les remous seront plus allongés, mais non détruits, et le dépôt des cailloux continuera.

Quand les circonstances l'exigeront, on pourra mettre une double ligne de blocs, ceux de la seconde occupant, à trois ou quatre mètres de distance, le milieu de l'espace que ceux de la première laissent entre eux, deux à deux.

Je connais beaucoup de plages, sur les rives du Verdon, de la Bléone, de la Durance, du Drac, etc., dans lesquelles on pourrait rendre à l'agriculture de vastes terrains par le simple emploi de mes deux lignes de blocs ou de piliers, combinées avec les barres submersibles, transversales, faites avec les cailloux qui les couvrent, sans avoir exécuté préalablement les travaux dans les gorges des bassins de réception, et dans celles des étranglements des vallées. Ces plages offrent en amont des barres de rochers, tenant à la montagne, par-dessus lesquelles la rivière ne passe jamais ;

mais en faisant des remous, elle les contourne pour aller dévaster le terrain qui est en aval. Au-dessous de ces barres il existe toujours un fort dépôt de limon, parce que les remous qu'elles produisent dans les crues forment une morte assez étendue. Plusieurs de ces dépôts portés par la rivière elle-même à une grande hauteur, n'étant plus inondés que dans les crues extraordinaires, sont cultivés. En appuyant les lignes de blocs aux barres, et établissant des traverses sur le terrain en aval, au bout d'un certain temps, la rivière se serait endiguée elle-même en déposant une bande de cailloux au pied des blocs, du côté du courant, et élevant le sol de l'autre côté, par des dépôts de limon formés dans les caisses. Il est donc possible d'employer la force même de l'eau pour arrêter les dégâts qu'elle fait depuis tant de siècles, et la forcer à creuser elle-même un lit duquel elle ne sortirait que dans les fortes crues, et les fortes crues n'auront plus lieu dès qu'on aura exécuté les travaux que je propose de faire dans les gorges des bassins de réception et celles des étranglements de la vallée, dans toute la partie montueuse du cours d'une rivière, comme nous le disons au § VI.

Les travaux que je propose d'exécuter sont extrêmement simples, leur efficacité est incontestable ; de plus, ils seront peu dispendieux. Voyons maintenant ce que l'on a fait jusqu'à présent.

Pour préserver quelques hectares de terre, sur les plages des vallées des Alpes, on a construit à chaux et à sable d'énormes digues qui arrêtent tout à fait le cours de l'eau, ou forcent le courant à se dévier pour se porter sur un autre point. Le sol sur lequel ces digues sont établies n'offrant pas partout la même solidité, il s'y produit des affouillements qui finissent par creuser des cavités dans lesquelles la digue s'abîme. Il existe une quantité de pareilles digues dans la vallée de Buech que suit la route de Sisteron à Grenoble, passant par la Croix-Haute. Aujourd'hui toutes ces digues menacent ruine, et d'un moment à l'autre les prairies et les champs qu'elles préservent seront perdus. Entre Embrun et

Tallard, plusieurs digues construites à grands frais, qui résistaient depuis longtemps, ont tout à coup été emportées par la Durance. Routes, chemins, champs et prairies établis sous leur protection, ont disparu.

Dans les autres vallées des Alpes, et principalement dans celle de Barcelonnette, pour se préserver des ravages d'un torrent, on l'endigue fortement, au sortir de la gorge du cirque, avec des murs, lui laissant un canal de trois à quatre mètres de large, que l'on prolonge sur tout le lit de déjection, et ce canal est ordinairement établi sur la partie la plus élevée de ce lit. A la suite des orages, il se dépose sur le pavé de ce canal des blocs, des pierrailles et de la terre qui en élèvent le fond. Pour empêcher l'eau de déborder, on élève de temps en temps les murs, en sorte que le courant coule bientôt à un niveau supérieur aux cultures que le canal traverse. L'exhaussement du fond est si rapide que la plupart des torrents de la vallée de Barcelonnette coulent maintenant à quatre mètres au-dessus du sol des vallées. Quand il se fait une brèche dans le canal, l'eau s'y précipite avec fureur et ravine tout le sol qui est au-dessous. En faisant remarquer, en 1854, à plusieurs personnes de cette petite ville ce grave inconvénient, je leur disais : « C'est absolument comme si, pour vous préserver des inondations de l'Ubaye, vous forciez cette rivière à passer sur les toits de vos maisons. » L'ancien système d'endiguement doit donc être abandonné au plus vite.

Les terrains rendus à l'agriculture par les moyens que nous proposons d'employer, ayant pour sous-sol une masse de cailloux souvent fort épaisse, se trouveront tout naturellement drainés. De plus, on pourra conserver une partie de l'eau des crues dans des réservoirs situés en amont, pour arroser les champs et les prairies pendant les sécheresses. Il résulte de là que non-seulement il est possible de rendre à l'agriculture une grande partie du sol des vallées de nos montagnes, mais encore de faire que ce sol soit beaucoup plus fertile que celui actuellement cultivé.

§ IV. — Quelle sera la dépense, et, par suite, le prix de l'hectare conquis.

Lors de mon séjour à Digne, pendant l'été de 1853, j'ai étudié avec soin le terrain dévasté par les crues de la Bléone, immédiatement au-dessus du pont traversé par la route de Sisteron ; j'ai indiqué, sur une copie du plan cadastral, à l'échelle de 1 mètre pour 2,500 mètres (*fig.* 7), les travaux à exécuter pour rendre ce terrain à l'agriculture, et j'ai dressé le devis des dépenses.

Ici la digue criblante est faite avec des piliers en maçonnerie cubant chacun $2^m,0$. Elle laisse à la rivière, au pied du coteau, un lit de 170 mètres de large. La largeur de la plage que l'on veut préserver varie entre 150 mètres et 370 mètres, limites qui sont aussi celles des longueurs des barres, dont les fossés ont jusqu'à $2^m,0$ d'ouverture et autant de profondeur, ce qui donne une barre assez forte. La surface du terrain à préserver est ici seulement de vingt hectares.

Les pierres pour la construction des piliers étant sur place, un entrepreneur m'a demandé 7 fr. du mètre cube de maçonnerie en fournissant tout, ou pour chaque pilier 14 fr.; pour la fondation de $0^m,20$ à $0^m,30$, 1 fr., ou 15 fr. pour chaque pilier sur place.

Notre digue en contient 105, qui font . . . . 1,575 fr.

Pour les barres, on aura 760 mètres de fossés à 1 fr. le mètre. . . . . 760 fr.

Total de la dépense pour 20 hectares. . . 2,335 fr.

ou 116 fr. par hectare, et ici le terrain cultivé contigu à la plage caillouteuse se vend plus de 1,500 fr. l'hectare.

J'ai choisi cette portion de terrain en amont du pont de la Bléone, parce que, se trouvant à ma portée, je pouvais l'étudier à mes instants perdus; mais elle ne présente pas un certain avantage, parce qu'elle est trop étroite : en amont et en aval, il existe des plages d'une largeur double, et dans lesquelles l'hectare préservé ne reviendrait certainement pas à plus de 60 fr. Il faudra ajouter à ce prix la portion afférente des dépenses faites dans les gorges du lit de la rivière et dans les bassins de réception. Ces dépenses seront toujours moins considérables qu'on pourrait le croire, elles ne s'élèveront jamais à plus de 100,000 fr. pour une rivière dans le lit de laquelle on gagnerait 2,000 hectares de terrain, et c'est la plus petite surface que l'on puisse gagner dans le lit de celle où nous exécuterions d'abord nos travaux; ce serait donc une augmentation de 100 fr. par hectare. Mettons de suite le prix de l'hectare à 200 fr., avec 100 fr. d'indemnité à payer aux propriétaires (1) ou 300 fr. On le revendrait au moins 1,000 fr. Les bénéfices seraient donc très-beaux.

Pour les bassins de réception, il ne serait indispensable de faire de grands travaux que dans les principaux, ceux qui fournissent beaucoup de cailloux. Ce sont ordinairement ceux formés par les hautes montagnes, vers les sources de la rivière. Très-souvent, comme pour Bayons, la valeur du terrain gagné dépasserait la dépense, ce qui diminuerait, au lieu d'augmenter, le prix de l'hectare dans les plages.

Les travaux que je propose d'entreprendre pour arrêter les dévastations des torrents et des rivières sont d'une exécution facile; ils peuvent tous être donnés à l'entreprise, même les trous de mines à faire dans les rochers. Pour les diriger, il suffira d'un conducteur ou deux par chaque rivière; pour ouvriers et entrepreneurs, on aura des Piémontais qui viennent en grand nombre, tous les étés, travailler dans les départements des Hautes et Basses-Alpes; ils sont toujours moins chers que les Français qui, pour la plupart, s'adonnant au négoce, sont absents la plus grande partie de l'année.

(1) Dans ces 100 fr. serait compris le prix des portions cultivées que l'on serait obligé de sacrifier.

§ V. — Les travaux ne peuvent être entrepris que par une Compagnie.

L'entreprise de rendre à l'agriculture les terrains dévastés par les torrents ne peut être faite par le gouvernement; ce doit être une spéculation commerciale. L'expérience a assez prouvé depuis longtemps qu'il ne faut pas compter sur la réunion des propriétaires intéressés, pour que je me dispense d'en donner ici les raisons. Dans l'état actuel de la richesse publique, il est si facile de trouver des actionnaires, même pour des entreprises d'un succès problématique, qu'il est hors de doute qu'on en trouvera pour la nôtre.

Après l'autorisation nécessaire, la seule chose que la Compagnie aurait à demander au gouvernement serait d'étendre à l'entreprise le bénéfice de la loi d'expropriation pour cause d'utilité publique. Il lui serait alors très-facile de désintéresser les propriétaires des terrains vagues, qui sont actuellement sans valeur, et d'acheter les portions de terrains cultivés, que l'on sera nécessairement obligé de sacrifier dans l'exécution des travaux.

On pourra aussi traiter avec les propriétaires, en s'engageant à leur rendre le terrain cultivable à tant l'hectare. A ceux qui ne voudront pas payer d'un seul coup, nous offrirons la faculté des annuités : l'hectare préservé coûtera 300 fr. au plus à la Compagnie. Dans les départements où nous voulons opérer, la location annuelle d'un hectare de terrain varie de 50 à 150 fr.; en fixant l'annuité à 60 fr. pendant cinquante ans, avec la faculté à l'acheteur de se libérer par dixième d'une somme de 1,200 fr., la Société réaliserait de beaux bénéfices, le propriétaire acquerrait un sol fertile, en payant la location seulement pendant cinquante ans; et, en peu d'années, la vie serait rendue à nos départements des Alpes, auxquels les torrents la disputent depuis tant de siècles !

§ VI. — Nos travaux exécutés dans la partie montueuse des vallées, des fleuves et des rivières, empêcheront les grandes inondations.

J'avais rédigé depuis deux ans le mémoire que j'ai lu à l'Académie le 26 mai dernier, uniquement dans le but de faire connaître le moyen de rendre la vie à nos départements des Alpes, dans lesquels j'ai passé une partie de la mienne. C'était aussi pour m'acquitter d'une promesse que j'avais bien souvent faite aux habitants de cette malheureuse contrée. Depuis le mois de mars, je m'étais fait inscrire sur l'ordre du jour de l'Académie pour lire mon mémoire. Dans l'intervalle, arrivèrent ces terribles inondations qui viennent de ravager le sol des vallées de nos grands cours d'eau. Je compris alors que mon système de barrage des bassins de réception s'opposait complétement aux grandes inondations, et j'ajoutai à la fin de mon mémoire : « Je demande, en terminant, à l'Académie la permission de lui faire remarquer que les moyens que je propose pour arrêter les dégâts de torrents, ayant pour premier résultat de retarder considérablement l'écoulement des eaux qui tombent dans les bassins de réception, sont de nature à empêcher ces grandes inondations des fleuves et des rivières qui viennent de dévaster une partie de la France. »

Les digues criblantes que je propose d'établir dans les gorges de ces bassins retarderont évidemment l'écoulement de l'eau. Dans les montagnes où nos fleuves et nos grandes rivières prennent leur source, il existe d'énormes bassins de réception, qui ont souvent plus de deux lieues de diamètre. Lors des pluies d'orage, qui fondent en même temps les neiges des pentes élevées, il arrive subitement une immense quantité d'eau dans ce bassin. Cette eau coulant sur une pente, qui est souvent de 0,05 à 0,08, (page 10), part du bassin en roulant sur elle-même, comme une avalanche, pour tomber dans le lit de la rivière. Celui-ci, recevant à la fois de ses principaux affluents de telles masses d'eau, est bientôt comblé et déverse sur ses rives une quantité d'eau qui, se mouvant avec une grande vitesse, à cause de l'inclinaison du lit, s'est bientôt rendue dans les plaines qui sont au pied de la montagne : de là ces subites et fortes inondations. Nos digues criblantes, établies dans les gorges des cirques et dans celles des étranglements de vallées, ayant pour effet de diminuer considérablement la vitessse de l'eau, et de ne la laisser passer que par petits filets ou lames minces, feront que le lit en recevra, dans un temps donné, beaucoup moins que dans l'état actuel des choses. En construisant convenablement les digues, on pourra faire que l'eau mette dix fois plus de temps à sortir des bassins de réception, qu'elle n'en met actuellement. Dès lors, les crues seront réduites au dixième de ce qu'elles sont maintenant; c'est-à-dire que, dans le lit d'une rivière où l'eau peut s'élever actuellement jusqu'à dix mètres, elle ne s'élèvera jamais à plus d'un mètre. Tel est le résultat que nous pouvons obtenir en barrant les principaux affluents d'une rivière dans les montagnes où ils prennent leur source : quant à ceux qui viennent des collines et des plaines, ils fournissent beaucoup moins d'eau dans le même temps que ceux des montagnes, tant parce que leurs bassins de réception sont moins étendus, que parce que leur pente est beaucoup moins rapide. De plus, on peut aussi barrer ces bassins d'une manière fort simple; puisque l'on n'a pas à lutter contre des masses d'eau considérables, entraînant une quantité de pierres, comme dans les montagnes, les digues criblantes pourront être faites ici avec de simples pieux enfoncés dans le sol, à travers lesquels on entrelacera des fascines. Mais nous n'avons pas la prétention d'empêcher complétement les inondations; nous voulons seulement empêcher les crues extraordinaires qui font tant de dégâts, et nous le pouvons, je l'affirme.

Notre Seine qui a un cours de plus de cent lieues, dans un lit dont les berges n'ont souvent pas quatre mètres de hauteur, fait rarement des dégâts sur ses rives. Elle prend cependant sa source dans les montagnes de la Bourgogne, qui s'élèvent à 500 mètres au-dessus du niveau de son embouchure, et elle reçoit plusieurs affluents considérables qui viennent des montagnes et des collines qui la bordent; en barrant le bassin de réception où ce fleuve prend sa source et ceux de ses principaux affluents, on l'empêcherait de sortir de son lit.

Les affluents qui viennent des collines et des plaines n'amènent donc pas autant d'eau dans le cours d'une ririvière qu'on pourrait le croire. C'est des montagnes très-élevées, comme celles des sources de la Loire, de la Garonne, de la Saône, du Rhône, de l'Isère, de la Durance, etc., que viennent les eaux qui déterminent les grandes inondations. C'est donc là qu'il faut attaquer le fléau; et on peut le faire sans crainte, car il n'y a rien à perdre dans les bassins de réception où ces grands cours d'eau et leurs principaux affluents prennent leur source; bien au contraire, on gagnera une grande partie du terrain qui se trouve au-dessous et qui n'a jamais été cultivé.

Aux défenseurs des moyens actuellement en usage, qui ne manqueront pas d'attaquer mon système, je me contenterai de citer ce passage de l'article de la *Presse* du 7 juin, où il est rendu compte du mémoire que j'ai lu à l'Académie des sciences : « En face des inondations et des crues subites occasionnées par les orages, l'insuffisance des endiguements aujourd'hui employés est surabondamment établie. »

Grande inondation de la Loire.

Pendant la crue de la Loire du mois de mai dernier, j'ai eu occasion de visiter les digues de ce fleuve entre Amboise et Tours. Sur plusieurs points, ces digues avaient laissé passer l'eau qui avait couvert les champs de l'autre côté, elles étaient donc détrempées lorsqu'est arrivée la crue de juin, et voilà pourquoi elles ont été emportées dans beaucoup d'endroits De pareilles digues reserrent le cours des rivières qui, s'élevant contre dans les grandes inondations, peuvent les renverser par la simple poussée des eaux. De plus, ces digues ne sont jamais imperméables; il suffit de quelques trous de taupes pour donner passage à l'eau et, par suite, déterminer une brèche. Il n'y a donc jamais de sécurité pour les contrées qu'on a voulu ainsi préserver. Quand on sera parvenu à faire que l'eau ne dépasse jamais une certaine hauteur dans le lit des fleuves et des rivières, les digues seront inutiles.

La seconde inondation de la Loire, dont je suis allé étudier les désastres aussitôt que le chemin de fer a été rétabli entre Orléans et Tours, n'a malheureusement que trop confirmé ce qu'on vient de lire, qui était imprimé avant mon départ. Les ravages qu'elle a faits sont la condamnation complète du système d'endiguement de ce fleuve, en même temps qu'ils confirment une grande partie des faits exposés dans cette brochure.

Ce n'est qu'au-dessous de Blois que j'ai commencé mes études. Immédiatement après cette ville, l'eau, qui avait débordé çà et là sur la digue de la rive droite sans la rompre, s'était précipitée doucement en lames minces de l'autre côté, en tombant d'une hauteur de 4 mètres environ, et avait inondé des maisons qui se trouvent le long de cette digue sans renverser aucun mur, bien qu'elle se fût élevée jusqu'à 3 mètres. Dans les jardins et les vergers, les arbres paraissaient tous morts, quoique n'ayant pas été déracinés. Ces jardins et tous les champs enclos de haies étaient couverts d'un dépôt limoneux, bien plus épais que celui qui avait eu lieu dans les prairies et les champs voisins. Ce fait est le résultat de l'amortissement des courants par les haies de clôture, qui formaient des caisses semblables à celles que nous établissons au moyen de traverses entre nos lignes de blocs ou de piliers et le pied de la montagne qui limite, de l'autre côté, la portion de la plage que nous voulons rendre à l'agriculture (page 21). Nulle part je n'ai remarqué de dépôts de graviers : l'eau n'avait pas eu la force de les monter au-dessus de la digue. Les ceps de vigne, les tiges des céréales, les plants de colzas, ceux des jeunes bois qui se trouvent çà et là, avaient opposé une résistance suffisante pour déterminer sur le sol qui les porte un puissant dépôt de limon. Ces faibles tiges elles-mêmes, comme l'herbe des prés, étaient rouillées, suivant l'expression des cultivateurs, c'est-à-dire tout enduites d'une couche de limon, évidemment due au petit remous que chacune avait déterminé dans le courant qui les inondait. Je ne saurais trop faire remarquer qu'ici l'eau était passée sur la digue en lames minces, comme celles que je veux amener sur les plages pour les colmater (page 19). Les dépressions séparant les sillons perpendiculaires à la direction du courant étaient toutes comblées par un dépôt limoneux, bien qu'elles n'aient pas $0^{m},50$ de large et $0^{m},3$ de profondeur; tandis que celles des sillons qui se trouvaient dans cette direction avaient, au contraire, été creusées. Les premiers représentent nos barres transversales; les autres, les canaux que nous abandonnons au torrent (page 21). Tout le long des haies du chemin de fer, il s'était formé de puissants dépôts de limon ou de sable fin, mais jamais de graviers. Les choses se sont bien autrement passées dans les endroits où les digues ont crevé : il est sorti de chaque brèche une masse d'eau de 3 à 4 mètres d'épaisseur, roulant comme une avalanche de neige, emportant tout ce qui se trouvait sur son passage, ravinant le sol jusqu'à une grande profondeur, affouillant au pied des obstacles qui lui résistaient, les renversant presque toujours, marquant sa trace par un immense cône de déjection, composé de pierres, de graviers, et se terminant par des sables fins, tout à fait semblable à un lit de déjection des Alpes (page 10).

La première brèche que j'ai rencontrée est celle qui s'est ouverte dans la digue de la rive droite de la Loire, en face la station d'Onzain, moitié chemin entre Blois et Amboise. De cette brèche part un immense cône de déjection, formé de pierres assez grosses, de graviers et de sables, qui passe par-dessus le chemin de fer et s'étend bien au delà vers le nord. A l'orient de ce cône, un rectangle de bois taillis de 150 mètres de long sur 80 mètres de large, dont les plants n'ont pas 3 mètres de hauteur, a suffi pour maîtriser le courant et forcer le lit de déjection à se bifurquer; les graviers n'ont pas envahi ce bois sur une largeur de plus de 20 mètres, et dans l'intérieur il s'est formé un puissant dépôt de limon. Une des branches de ce lit, suivant la base du rectangle, s'est étendue fort loin en aval, et l'autre, suivant le côté oriental, s'est avancée à 400 mètres vers le nord par-dessus le chemin de fer. Sur le flanc oriental de celle-ci, deux vignes d'une médiocre étendue ont aussi suffi pour arrêter les graviers, et les remous qui se produisaient autour des ceps ont déterminé dans l'intérieur un dépôt de limon dont l'épaisseur est de $0^{m},1$. Dans la largeur du lit de déjection, les haies et treillages du chemin de fer ont été renversés et enfouis sous les graviers. En aval, les haies ont résisté et sont maintenant soutenues par une longue et étroite bande de graviers et de sables que le courant a été forcé de déposer en les suivant : c'est la digue de pierrailles que nous avons dit se former au pied de nos lignes de blocs du côté du courant (page 21). Ici encore, comme du reste dans toute la partie de la vallée que j'ai visitée, les intervalles des sillons perpendiculaires au courant ont été comblés par des dépôts, tandis que ceux qui se trouvent dans sa direction ont été creusés. Sur tous les points où le torrent n'a pas amené ses graviers et ses sables, l'herbe des prairies, les tiges des céréales, des colzas et des pommes de terre ont suffi pour déterminer un dépôt limoneux qui, en fertilisant le sol, dédommagera un peu les propriétaires des pertes qu'ils viennent d'éprouver.

A Amboise, les dégâts sont plus grands : toute la partie basse de la ville, enfouie sous une masse d'eau se précipitant avec furie par plusieurs brèches de la digue chargée de la préserver, a été presque détruite. Sur la rive opposée, en face la station du chemin de fer, au même endroit qu'en 1846, une vaste brèche s'est ouverte sous la pression des eaux qui l'avaient déjà détrempée par leurs infiltrations. Toutes les maisons, cafés, hôtels, magasins, etc., qui avoisinaient la station du chemin de fer, ont été rasés d'un seul coup, ainsi que plusieurs des bâtiments de la gare. Ceux qui ont résisté sont si horriblement affouillés que l'on ne comprend pas qu'ils soient restés debout. A ce moment arrivait un convoi dans lequel se trouvaient des ingénieurs et des inspecteurs de la voie. Ces malheureux montent sur l'impériale de leur wagon, qu'ils sont bientôt forcés d'abandonner pour se réfugier sur le toit de la gare des marchandises. Peu après, la voie affouillée tombe dans le gouffre avec tous les wagons qui sont dessus. Mais leur énorme poids et leur enchaînement les uns aux autres les empêchent d'être emportés. Ils étaient encore sur la place le 18 juin lorsque je la visitai. La moitié de la gare des marchandises est emportée par le flot; ceux qui étaient montés sur le toit n'ont que le temps de changer de place. Attendant à chaque instant la mort, ils sont restés vingt-quatre heures, sans manger et mouillés jusqu'aux os, dans cette horrible position; l'état de choses était tel, que ce n'est qu'après ce long espace de temps qu'ils ont pu être sauvés par une barque qui osa braver la fureur des flots. A la place des maisons, des jardins et des bâtiments de la gare, il existe maintenant un profond canal alimenté par le fleuve et d'énormes trous pleins d'eau. Le long du canal, les cultures et les places des maisons sont couvertes d'un immense lit de déjection très-épais et de plus de 400 mètres de long. Il se compose de grosses pierres, de débris de murailles, de graviers mélangés de pierres plus petites, enfin de sables qui sont de plus en plus fins. La voie a été détruite par affouillement sur une grande longueur, et la partie qu'on avait rétablie alors offrait si peu de solidité, que nous mîmes trente minutes pour faire une lieue. Les charpentes, les toits brisés et les meubles fracassés des maisons jonchaient le sol jusqu'à une grande distance. On m'a dit que personne n'avait péri dans cette catastrophe; cela me paraît miraculeux ! Là encore j'ai vu des vignes et des jardins entourés de haies recouverts d'un puissant dépôt de limon, et des maisons préservées des affouillements par les haies de clôture ; le long de celles du chemin de fer qui n'étaient pas détruites, il s'était encore formé des bandes de graviers et de sables. Les petits bois et les champs cultivés offraient aussi les faits que nous avons rapportés plus haut.

Au-dessous du viaduc de Mont-Louis, la digue de la Loire a encore crevé ; il est sorti de la brèche un vaste lit de déjection, toujours composé de pierres, de graviers et de sables qui a recouvert les champs et les prairies ; j'ignore si des maisons ont été emportées en cet endroit, où je ne me suis pas arrêté.

A Saint-Pierre-des-Corps, village qui s'étend à l'orient de la ville de Tours le long de la rive gauche de la Loire, à l'embouchure du canal qui fait communiquer ce fleuve avec le Cher, l'eau, passant sous le pont de bois appuyé à deux fortes culées de pierres, affouilla ces culées et s'ouvrit un vaste passage. Retenue entre les deux digues du canal et la première écluse, qui était fermée, elle s'élevait rapidement entre ces deux digues. La rupture de celle de l'occident aurait inévitablement entraîné la ruine de la plus grande partie du village et de la ville, parce que le flot, cheminant ensuite dans l'espace étroit compris entre l'ancien rempart et la digue du fleuve, aurait acquis une puissance énorme. Une masse de travailleurs militaires de la garnison, habitants de la ville et du village, colons de Mettray, etc., était occupée à consolider la levée occidentale du canal entre la Loire et l'écluse ; on y jetait de grosses pierres, des sacs de chaux hydraulique, des pièces de charpente, des troncs d'arbres avec leurs branches, etc. Malgré tous les efforts, la levée, entamée en deux endroits, commençait à crouler, surtout contre la culée de l'écluse. Tous les habitants abandonnaient leurs maisons, c'est à ce moment critique que la levée orientale creva près de l'écluse avec un fracas épouvantable. Une montagne d'eau, de pierres, de graviers et de sables se précipite alors sur la portion du village située au-dessus de cette levée, la coupe en deux et rase dix maisons. Trois bateaux chargés d'ardoises, qui étaient amarrés à la levée occidentale qu'ils devaient protéger, rompant alors leurs câbles, passent par la brèche et vont encore démolir des maisons. Ces bateaux sont maintenant échoués à l'orient du village.

Le flot impétueux suit la levée orientale du canal en se précipitant vers le Cher, et inondant les maisons jusqu'aux toits dont plusieurs sont emportés. Les haies des jardins, qui n'ont que 2 mètres de haut, préservent des affouillements celles qui n'ont pas été rasées, et elles restent debout. L'eau, courant au sud et à l'est, s'arrête contre le remblai du chemin de fer d'Orléans; mais là elle rencontre celle du Cher qui a passé par la brèche de Roche-Pinard. Il se produit alors un flot énorme qui passe par-dessus les levées du canal en le comblant, et ouvrant deux larges brèches dans celle de l'occident, il inonde la plaine de Saint-Pierre-des-Corps et de Saint-Etienne jusqu'à la route de Bordeaux, levée de Grand-Mont. Ici encore, de simples haies d'aubépine préservent de la destruction les maisons qu'elles entourent, arrêtent les graviers et déterminent dans leur enceinte de puissants dépôts de limon. La belle gare de Tours est inondée jusqu'à 3 mètres de hauteur; tout est noyé : marchandises, magasins, ateliers, salles d'attente, etc. Le flot pénètre ensuite dans la ville par plusieurs issues. Quand des murs s'opposent à son passage, il s'élève contre, les renverse et anéantit les maisons qui sont derrière et qui attendaient leur salut de ces mêmes murs, tandis que celles environnées de haies restent debout. C'est ainsi qu'ont été détruites plusieurs maisons du faubourg Saint-Etienne, parmi lesquelles deux ont été tellement affouillées qu'il reste à la place des excavations profondes remplies d'une eau noire et puante. Il était alors plus de minuit. Une terreur générale s'était emparée des habitants de la ville et des faubourgs, dont près de deux mille, hommes, femmes, enfants, vieillards, à demi nus, s'entassaient sur la route de Bordeaux, chaussée de Grand-Mont, pour gagner les hauteurs qui dominent la rive gauche du Cher. Pendant que les uns fuyaient, d'autres faisaient le sacrifice de leur vie pour sauver des malheureux réfugiés dans les greniers et jusque sur les toits de plusieurs maisons qui menaçaient ruine. Que de beaux traits de courage et d'abnégation j'aurais à citer si je faisais la description pittoresque de cette horrible catastrophe : des hommes ayant de l'eau jusqu'aux aisselles et luttant contre le courant pour arracher à la mort des vieillards et des enfants qui n'ont pas eu le temps de fuir ; d'autres, qui après s'être fait passer une corde autour du corps, se jettent à la nage pour pénétrer dans des maisons que les barques n'osent pas aborder et où des familles entières vont périr. Je laisse à une plume plus brillante que la mienne le récit de tous ces exploits, supérieurs à ceux des champs de bataille ! La multitude qui remplissait la chaussée de Grand-Mont la trouve coupée au pont du chemin de fer de Nantes ; ne pouvant revenir en arrière à cause des 3 mètres d'eau qui couvraient Saint-Etienne, elle est obligée de passer toute la nuit entassée sur cette digue de 30 mètres de large, qui menace de crouler à chaque instant.

Le flot, arrêté par la chaussée, l'avait suivie pour aller passer sous le pont du chemin de fer de Nantes, qu'il avait rompu en affouillant les culées et ouvert dans la chaussée une brèche de 80 mètres de large. En se précipitant par cette brèche, il renverse tout ce qui se trouve devant lui, emporte le chemin de fer sur plus de 200 mètres, et s'étalant dans la plaine de Saint-Sauveur, dont il inonde les maisons jusqu'aux toits en détruisant toutes les récoltes, il va dévaster le faubourg Saint-Eloy et le hameau de Saint-Sauveur. Ici plusieurs maisons ont encore été sauvées par les haies qui les entourent, et de puissants dépôts de limon couvrent actuellement leurs enclos. Il part actuellement de la brèche un immense lit de déjection, formé des débris du pont et des bâtisses qui étaient au-dessous, d'une masse de pierres amenées de plus loin, de graviers et de sables, sous lequel les rails ont disparu, et qui s'étend fort loin dans les champs. A la place du pont se trouve une cavité pleine d'eau de 10 mètres de profondeur, sur laquelle pendent les restes de ses culées. A moins de 150 mètres au-dessous de cette énorme brèche, une petite pépinière, comprise entre le chemin de fer et son treillage, entourée d'une haie d'aubépine qui n'a pas plus de 1 mètre de haut, a suffi pour détourner les graviers qui se sont jetés sur la droite en décrivant une courbe. Le sol de cette pépinière est couvert d'un puissant dépôt de limon, et une petite cabane en bois qui se trouve encore au milieu a été préservée, tandis qu'à 150 mètres en amont, un pont en pierre de taille a été emporté. Ceux qui voudront prendre la peine de parcourir les varennes de Tours, si horriblement dévastées, pourront constater une foule de faits du même genre. Ce n'est donc pas des barrières soi-disant infranchissables qu'il faut opposer aux crues des cours d'eau.

Sur la levée de la route de Chinon, qui va du pont de Saint-Sauveur au hameau de Pontcher, des peupliers qui ont 0^m4 à 0^m5 de diamètre, plantés le long du bord oriental de cette levée, du côté où arrivait le courant, ont tellement préservé ce bord en déterminant des remous, que l'herbe n'en a pas même été enlevée, tandis que de l'autre côté garni de peupliers aussi gros, où l'eau s'est précipitée, en masse, de 4 mètres de hauteur, la levée a été au tiers détruite, les arbres déracinés et les maisons qui étaient au-dessous en partie démolies; j'en ai surtout remarqué une qui avait conservé la façade et les deux murs des flancs; celui du fond avait été emporté tout entier, la façade présente trois ouvertures, une porte et deux fenêtres, tandis que le mur opposé était tout plein. L'eau avait envahi la maison en passant par la porte et les deux fenêtres, mais complétement arrêtée par le mur du fond, elle a fini par le renverser.

Les deux levées du canal de Saint-Pierre-des-Corps, dont il a été question plus haut, ont été profondément ravinées, bien qu'elles portent encore chacune une ligne d'arbres; mais ces arbres, n'étant pas plus gros que le bras, n'ont pu produire que des remous insignifiants, et voilà pourquoi ces levées ont été si maltraitées, tandis que la partie orientale de celle de Pontcher a été préservée.

Les peupliers de Pontcher démontrent complétement l'efficacité de mes lignes de piliers, dont chacun a 1 mètre de large (pages 20 et 25), contre un courant d'une grande force; que pourront-elles donc produire, quand nous aurons considérablement diminué la vitesse de l'eau par l'établissement de nos digues criblantes, à la gorge des bassins de réception et dans les étranglements des vallées? Tu comprends bien, lecteur, qu'alors les grandes inondations seront empêchées et qu'une grande partie du terrain qu'elles ravagent maintenant finira par être rendu à l'agriculture. Combien y a-t-il en France de pareils terrains à conquérir! Ces terrains d'une irrigation facile, transformés en prairies, donneraient la vie à de nombreux troupeaux, et alors nous pourrions avoir à bon marché la viande que nous payons si cher depuis plusieurs années, et dont le prix augmentera encore si le gouvernement ne prend pas des mesures pour en empêcher.

J'ai encore observé un grand nombre d'autres faits qui prouvent, comme ceux-ci, que loin de gagner quelque chose en opposant à l'eau des obstacles que l'on croit insurmontables, on ne fait que préparer des désastres pour les contrées que l'on veut ainsi préserver. Tous ceux dont la vallée de la Loire nous offre maintenant *le déchirant tableau* sont dus à cette erreur : les récoltes noyées, enfouies sous les graviers, les sables et les limons; des villages et même des châteaux solidement construits, emportés par les flots; les toits et les meubles des maisons jonchant le sol; les cadavres des animaux noyés gisant çà et là; les cercueils des morts arrachés de terre et portés sur la cime des arbres ; des cavités profondes remplies d'une eau noire et puante, à la place des maisons, des riants jardins et des belles cultures qui les avoisinaient ; des populations ruinées, que nourrit la charité publique, campées sur les coteaux avec le peu de bétail qu'elles ont pu sauver ; des maladies épidémiques que les chaleurs de la canicule ne manqueront pas de développer, voilà ce qu'a produit la rupture des digues sous la protection desquelles les habitants des rives de la Loire vivaient tranquillement, depuis Orléans jusqu'à Nantes, sur une longueur de près de cent lieues ! Je pourrais ajouter aux désastres que j'ai cités, produits par la même cause, ceux de Jargeau, village presque tout détruit, de Savonnières, de Villaudry, de la Chapelle-sur-Loire, etc. Dans cette charmante petite ville encore si florissante le 1er juin, le 3 cent quatre-vingts maisons ont été rasées à la suite de la rupture d'une digue, et, à leur place, se trouve maintenant un canal profond, un nouveau lit du fleuve, qu'il sera peut-être impossible de combler.

Puisque le système d'endiguement en usage depuis tant de siècles est capable de produire de si grands maux, il faut l'abandonner complétement, malgré les réclamations de tous ses défenseurs. J'affirme, et tout le monde peut maintenant le comprendre, que celui que je propose, appliqué au cours de la Loire, de la source à l'embouchure, préserverait les rives des grandes inondations, rendrait ce fleuve navigable pendant toute l'année sur un grand nombre de points que de légers bateaux ne peuvent pas maintenant franchir en été, et donnerait à l'agriculture, tant dans les montagnes que dans les plaines, une assez grande étendue de terrain pour payer au delà toutes les dépenses qu'entraîneraient les travaux.

Vous, cœurs compatissants, qui souscrivez si généreusement pour réparer les malheurs que viennent de causer les inondations, souscrivez donc pour empêcher le retour de telles calamités ! Non-seulement votre argent vous rapportera un gros intérêt, mais encore les habitants des rives de nos fleuves et de nos grandes rivières vous béniront comme leurs bienfaiteurs !

Du reboisement.

Après la lecture de ma note sur la grande inondation de la Loire, faite à l'Académie des sciences le 23 juin, insérée dans le compte rendu de la séance de ce jour, où j'ai cité une partie des faits que je viens d'énumérer, plusieurs personnes sont venues me dire : « Il résulte de vos observations qu'il faut reboiser les montagnes et les rives des grands cours d'eau. »

On se trompe étrangement sur la puissance que l'on attribue au reboisement contre les inondations, et M. Surell lui-même, qui a si bien traité cette question dans son ouvrage intitulé . *Etudes sur les torrents des Hautes-Alpes*, publié à Paris en 1841, et que nous avons eu plusieurs fois occasion de citer. Reboisez donc, si vous le pouvez, je ne demande pas mieux, il en résultera toujours un grand bien; mais il vous faut cent ans pour reboiser, et d'ici là, combien n'aurez-vous pas de malheurs à déplorer ? De plus, on ne parviendra jamais à reboiser les rochers nus ni les pentes marneuses des montagnes ; sur les uns, ni les plants ni les semis ne pourraient vivre; sur les autres, ils seraient bientôt emportés par l'infiltration des eaux qui les détruit facilement, comme nous l'avons montré (page 7), et quand les pentes des bassins de réception, qui ont souvent de 20 à 30 degrés d'inclinaison, seraient boisées, l'eau des pluies n'arriverait pas moins avec une grande rapidité dans le fond, d'où elle sortirait avec la même vitesse à peu près que maintenant, et le niveau de la rivière s'élèverait toujours subitement. En boisant les rives de celle-ci, si elle ne noyait pas à la première crue les semis et les plants, comme elle vient de noyer les récoltes et les arbres fruitiers de la Touraine, dont plusieurs comptaient dix ans de vie, on produirait dans l'espace de vingt ans au moins, l'effet que je puis produire avec mes lignes de piliers et mes barres de cailloux en moins d'un mois.

Le déboisement n'a jamais produit les grands effets qu'on lui attribue. Pendant mon séjour à Rome en 1852, ayant parlé au savant Canina et au ministre des travaux publics Jacobini, qui m'honoraient tous les deux de leur amitié, de l'énorme étendue du delta du Tibre, ils me répondirent que c'était la faute des Français qui, pendant l'occupation du commencement de ce siècle, avaient détruit une grande partie des bois des montagnes dans lesquelles ce fleuve célèbre et ses affluents prennent leur source. Peu satisfait de cette réponse, je me livrai à des études pour lesquelles j'ai été fortement aidé par M. Canina. Ces études terminées, je leur remis à l'un et à l'autre une note dont je fis le sujet d'une communication à notre Académie des Sciences, à mon retour en France, le 27 décembre 1852, *Comptes rendus des séances*, tome XXXV. Voici textuellement cette note :

« Chargé depuis le mois de mars dernier de l'exécution des opérations géodésiques et de la direction des travaux topographiques dans la partie des Etats romains occupés par les troupes françaises, j'ai pu faire un certain nombre d'observations géologiques que je me propose de communiquer successivement à l'Académie. Aujourd'hui, je lui demande la permission de l'entretenir de l'avancement du delta du Tibre, dont j'ai pu suivre la marche depuis cent quatre-vingt-dix ans.

« Au commencement de l'empire romain, la mer baignait encore les murs d'Ostie à l'embouchure du Tibre, et les ruines de cette ville et de son port sont actuellement à 4,500 mètres du point où ce fleuve se jette dans la mer ; une forte barre existe à son embouchure, et les bas-fonds sont tellement élevés entre Ostie et ce point, que la navigation de cette partie du fleuve est devenue impossible.

« Pour remplacer Ostie, l'empereur Claude fit creuser un port à 4,000 mètres plus à l'ouest sur le bord de la mer ;

ce port, qui est aujourd'hui un pâturage humide, se trouve à 2,500 mètres de la mer, dans la direction du canal de Fiumicino, qui remplace le Tibre pour la navigation.

« Ayant eu à ma disposition tous les plans de cette contrée faits à diverses époques, et M. le commandeur Canina ayant eu l'obligeance de me donner les dates exactes de la construction de deux tours qui existent encore le long du canal, j'ai pu calculer l'avancement du delta dans sa direction.

Au mois de juin 1852, le phare de Fiumicino était éloigné de la mer de......................		286^{m}
D'après le plan fait en 1839, la distance est de.....		236
Différence pour 13 ans..................		50^{m}
Ce qui donne pour l'avancement annuel..........	$3^{m},84$	
La distance en juin 1852 était de................		286^{m}
Celle donnée par le plan de 1820 est de...........		160
Différence pour 32 ans.................		126^{m}
Donc pour l'avancement annuel................	$3^{m},94$	
Le plan de 1839 donne........................		236^{m}
Celui de 1820 donne..........................		160
Différence pour 19 ans..................		76^{m}
Donc pour l'avancement annuel................	$4^{m},00$	
Le phare de Fiumicino, construit dans la mer à 20 mètres de la rive en 1774, en est actuellement à.		286^{m}
Ajoutant..................................		20
On a pour 78 ans...........................		306^{m}
D'où pour l'avancement annuel................	$3^{m},92$	
La tour Alexandrine, construite sur le bord de la mer en 1662, est à 450 mètres du phare de Fiumicino, construit en 1774 à 20 mètres dans la mer; il y avait donc alors entre la mer et la tour Alexandrine...........................		430^{m}
De 1662 à 1774, il s'est écoulé 112 ans, ce qui donne pour l'avancement annuel.....................	$3^{m},84$	
Du bord de la mer au pied de la tour Alexandrine il y avait, au mois de juin dernier............		736^{m}
De 1662 à 1852, il s'est écoulé 190 ans, ce qui donne pour l'avancement annuel.....................	$3^{m},88$	
Somme des six résultats......................	$23^{m},42$	
Moyenne........................	$3^{m},903$	

« Ainsi, depuis l'année 1662, l'avancement annuel du delta du Tibre au canal de Fiumicino n'a pas varié de 2 décimètres, et il a été assez exactement de 3m,9. Le niveau de la mer n'a pas changé depuis l'établissement du port d'Ostie : il existait alors des lagunes à l'est d'Ostie que les Romains transformèrent en salines. Ces salines existent encore, et l'eau de la mer y est amenée par un canal coudé de 6,000 mètres de long, dans lequel il n'existe pas de courant sensible quand la mer est calme. Le sol du pâturage humide qui couvre actuellement les ruines du port de Claude n'est pas à plus de 1 mètre au-dessus du niveau moyen de la mer.

« Je dirai enfin que, dans la détermination du niveau moyen de la mer, à l'embouchure du canal de Fiumicino, pour les nivellements géodésiques, j'ai constaté qu'il existe dans ces parages une marée régulière dont la hauteur ordinaire varie entre 0m,25 et 0m,30. »

Mes deux amis de Rome se trompaient donc; car si le déboisement qu'ils nous reprochaient avait rendu plus fréquents les débordements du Tibre ou en eût augmenté le niveau, l'accroissement du delta aurait été plus considérable de 1820 à 1852, qu'il ne l'a été de 1662 à 1774. Si l'on pouvait faire le même calcul pour plusieurs autres fleuves dont on attribue les ravages actuels au déboisement des montagnes dans lesquelles ils prennent leur source, je suis persuadé que l'on arriverait à des résultats semblables.

Il ne faut donc nullement compter sur le reboisement pour diminuer la force des inondations des grands cours d'eau qui viennent des montagnes : il en est incapable, et quand il le pourrait, il faudrait un siècle pour obtenir un résultat.

Pour une somme inférieure à la valeur des pertes que les inondations des mois de mai et de juin viennent de causer, l'application de mon système de barrage pourrait empêcher à tout jamais de pareils désastres de se reproduire. Cette tâche est digne de Napoléon III, et je le conjure de l'entreprendre. Après avoir organisé cette belle et vaillante armée qui rapporte ses aigles triomphantes des rives du Pont-Euxin, après avoir rendu la paix à l'Europe et à l'Asie, il serait encore glorieux, pour lui et pour cette même armée, d'envoyer quelques-uns de ses bataillons dans les montagnes où nos fleuves et nos grandes rivières prennent leur source, combattre les torrents qui les alimentent et rendre la sécurité aux habitants de leurs rives !

Paris, 25 juin 1856.

TABLE DES MATIÈRES

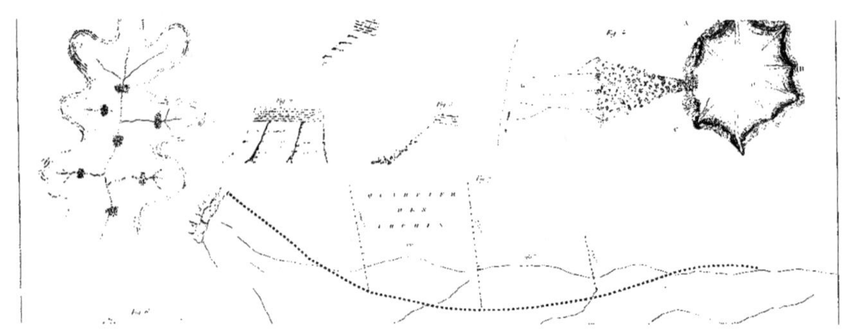

EN VENTE, LE 15 JUIN 1856,

A LA

LIBRAIRIE DE MALLET-BACHELIER,

Quai des Augustins, 55.

LEÇONS

DE

CHIMIE GÉNÉRALE

ÉLÉMENTAIRE,

PROFESSÉES

A L'ÉCOLE CENTRALE DES ARTS ET MANUFACTURES;

PAR M. AUGUSTE CAHOURS,

Examinateur de sortie pour la Chimie à l'École impériale Polytechnique, Essayeur à la Monnaie de Paris, Chevalier de la Légion d'honneur, Membre de la Société Philomathique de Paris, de l'Académie des Sciences et Belles-Lettres de Rouen; etc.

DEUX FORTS VOLUMES IN-18, IMPRIMÉS SUR JÉSUS,

ILLUSTRÉS DE 256 FIGURES SUR BOIS INTERCALÉES DANS LE TEXTE

ET DE 8 PLANCHES.

Prix des 2 volumes................. 12 francs.

Le livre que nous avons l'honneur d'offrir au public est un ouvrage élémentaire, dans lequel l'auteur s'est efforcé néanmoins de mettre en relief toutes les théories qui dominent la science, en élaguant les faits de détail qui ne présentent aucune importance, en rejetant l'étude des corps qui ne sauraient offrir aucun intérêt au point de vue des applications. Chargé de faire un Cours de Chimie générale, l'auteur n'a traité dans ses leçons d'aucune application proprement dite, laissant au professeur de Chimie appliquée (M. Payen) le soin de donner aux élèves tout ce qui se rapporte à cette partie de la science, qu'une longue pratique et des rapports fréquents avec les industriels lui permettent de traiter d'une manière efficace. Dans l'ouvrage de M. Cahours les applications ne sont qu'indiquées, il n'entre à leur égard dans aucuns détails qu'il faudrait donner trop circonstanciés pour qu'ils pussent être de quelque utilité. Cet ouvrage se compose de deux volumes qui formeront au moins onze cents pages. Le premier est consacré à l'étude des *Métalloïdes* et de leurs composés binaires; on a eu soin de grouper l'un à côté de l'autre ceux qui présentent les analogies chimiques les plus manifestes. Cette étude se termine par une leçon de révision dans laquelle l'auteur s'efforce de faire ressortir ces analogies en faisant comprendre en outre tout l'intérêt qui s'attache à cette classification des corps en familles naturelles, celle-ci permettant de déduire de l'étude complète du corps le plus important du groupe, celle des autres corps qui lui appartiennent. Après avoir fait ainsi l'étude des métalloïdes et de leurs diverses combinaisons, en laissant toutefois dans l'ombre ceux qui sont trop rares pour être, à l'heure présente, l'objet d'aucune application, l'auteur s'est occupé de tracer à un point de vue général, dans une série de leçons, l'histoire des *Métaux,* de leurs *oxydes, chlorures, iodures, sulfures,* etc. Ce premier volume se termine enfin par une étude générale des *Sels;* l'auteur définit ce que les chimistes entendent aujourd'hui par neutralité; il examine attentivement l'action de l'eau sous ses différents états, et termine enfin cette étude par l'exposition des lois de Berthollet, si remarquables par les résultats théoriques et pratiques qu'elles ont permis d'obtenir, lois si fécondes sur lesquelles repose la Chimie tout entière.

Dans la Ire Partie du second volume, l'auteur s'occupe de l'histoire des métaux proprement dits, il les passe successivement en revue, en ne décrivant toutefois que les plus usuels, ceux-là seuls qui peuvent offrir des applications utiles, soit par eux-mêmes, soit en raison des combinaisons importantes qu'ils sont susceptibles de former, laissant de côté ceux qui, libres ou combinés, sont beaucoup trop rares, ou dont l'étude, trop peu avancée aujourd'hui, ne permet d'en tirer aucun parti. Il résume les procédés nouveaux qui ont été donnés dans ces derniers temps pour l'extraction, sur une assez grande échelle, des métaux alcalins et terreux; il expose enfin d'une manière sommaire le principe de l'extraction en grand de chacun des métaux usuels, mais sans en faire connaître la métallurgie, ce qui nécessiterait de trop grands développements complétement en dehors du cadre de ce cours. D'ailleurs la métallurgie des métaux les plus usuels fait l'objet d'un cours tout spécial livré aux soins d'un professeur qui, par ses relations avec des directeurs d'usines et par une longue pratique, se trouve en mesure de donner aux élèves des détails importants pour leur carrière d'ingénieur, et qui ne sauraient trouver place dans un Cours de Chimie générale élémentaire. La IIe Partie du second volume, qui en forme environ les deux tiers, est enfin consacrée à l'étude des matières organiques. L'auteur, dans un cadre de seize leçons, traite des procédés de l'analyse organique, de la détermination de l'équivalent de ces produits et de l'établissement de leurs formules chimiques. Il expose des généralités sur ces matières et s'occupe de l'étude des composés qui jouent un rôle important tant au point de vue des théories chimiques qu'à celui des applications dont elles sont susceptibles. Dans une leçon spéciale, l'auteur s'efforce de faire ressortir toute l'importance de l'idée de série récemment introduite dans la science par M. Gerhardt, idée féconde qui, groupant les corps d'après des analogies tirées de leur étude, permet d'établir une classification toute semblable à celle qui fut antérieurement adoptée pour les métalloïdes, et de déduire par suite du corps le plus important de chaque groupe, l'histoire de tous les composés qui lui appartiennent, et d'apporter ainsi de grandes simplifications dans cette étude.

Les dessins ont été exécutés par un de nos plus habiles artistes, M. Dulos, qui s'est en outre occupé de la gravure avec le plus grand soin.

Paris. — Imprimerie de MALLET-BACHELIER, rue du Jardinet, 12.

Paris. — Imprimerie de MALLET-BACHELIER, rue du Jardinet, 12.

LIBRAIRIE DE MALLET-BACHELIER,
Quai des Augustins, 55.

ANNALES

DE

L'OBSERVATOIRE IMPÉRIAL DE PARIS,

PUBLIÉES

PAR U.-J. LE VERRIER,

DIRECTEUR DE L'OBSERVATOIRE IMPÉRIAL DE PARIS.

Tome 1er, in-4, sur cavalier fin satiné; 1855.
Prix : 27 francs.

OBSERVATIONS MÉTÉOROLOGIQUES

FAITES

A L'OBSERVATOIRE IMPÉRIAL DE PARIS

PENDANT LES ANNÉES 1854 ET 1855.

In-4°. Prix......... 4 francs.

COMMERCIUM EPISTOLICUM

J. COLLINS ET ALIORUM

DE ANALYSI PROMOTA, ETC.,

OU

CORRESPONDANCE

DE J. COLLINS ET D'AUTRES SAVANTS CÉLÈBRES DU XVIIe SIÈCLE,

RELATIVE

A L'ANALYSE SUPÉRIEURE,

RÉIMPRIMÉE SUR L'ÉDITION ORIGINALE DE 1712 AVEC L'INDICATION DES VARIANTES DE L'ÉDITION DE 1722, COMPLÉTÉE PAR UNE COLLECTION DE PIÈCES JUSTIFICATIVES ET DE DOCUMENTS,

ET PUBLIÉE

Par J.-B. BIOT, Membre de l'Institut,

et

F. LEFORT, Ingénieur en chef des Ponts et Chaussées.

In-4° avec figures intercalées dans le texte; 1856. Prix : 15 francs.

DE LA CARÈNE DU NAVIRE

ET DE

L'ÉCHELLE DE SOLIDITÉ;

PAR M. AD. D'ÉTROYAT, CONSTRUCTEUR A NANTES.

In-4° avec 5 planches ; 1856. Prix... 4 francs.

Paris. - Imprimerie de MALLET-BACHELIER, rue du Jardinet, 12.

LIBRAIRIE DE MALLET-BACHELIER,

Quai des Augustins, 55.

Ouvrage donné en **PRIX** par la **Société d'Encouragement pour l'Industrie nationale**, aux **CONTRE-MAITRES DES ÉTABLISSEMENTS INDUSTRIELS.**

COURS COMPLET DE DESSIN LINÉAIRE, GRADUÉ ET PROGRESSIF,

contenant :

La Géométrie pratique, élémentaire et descriptive; l'Arpentage, la Levée des plans et le Nivellement; le Tracé des Cartes géographiques; les Notions sur l'Architecture ; le Dessin industriel; la Perspective linéaire et aérienne; le Tracé des Ombres et l'Etude du Lavis;

PAR M. L. DELAISTRE,

Professeur de Dessin.

Quatre Parties composées de 60 Planches et 60 pages de texte in-4° oblong à deux colonnes, tirées sur jésus.

Prix de l'ouvrage complet, broché.... 18 fr.

— cartonné... 19 fr. 50 c.

MM. les Professeurs et les Élèves pourront se procurer les planches *séparément* sans le texte.

Prix de chaque planche... 25 c.

ALGÈBRE ÉLÉMENTAIRE

A L'USAGE

Des Candidats au Baccalauréat ès Sciences et aux Écoles du Gouvernement rédigée conformément aux PROGRAMMES OFFICIELS des Lycées;

PAR M. E. LIONNET,

Agrégé de l'Université, Professeur de Mathématiques pures et appliquées au Lycée Louis-le-Grand, Examinateur suppléant d'admission à l'École Navale.

In-8 avec figures dans le texte; 1855. — Prix : 3 fr. 50 c.

TRAITÉ DE GÉOMÉTRIE DESCRIPTIVE,

PAR M. LEROY.

Quatrième édition, revue et annotée

PAR M. MARTELET,

Professeur à l'École centrale des Arts et Manufactures.

Un volume in-4, avec Atlas de 71 planches, 1855. — Prix : 16 francs.

Paris. — Imprimerie de MALLET-BACHELIER, rue du Jardinet, 12.

LIBRAIRIE DE MALLET-BACHELIER,
Quai des Augustins, 55.

GÉOMÉTRIE ÉLÉMENTAIRE,

REFAITE

Sur la première édition publiée en 1826, suivant les principes du NOUVEAU PROGRAMME des études;

PAR M. VINCENT, Membre de l'Institut,

ET

M. SAIGEY.

In-12 avec planches; 1855.... 3 fr. 50 c.

CONNAISSANCE DES TEMPS,

OU

DES MOUVEMENTS CÉLESTES,

A L'USAGE

DES ASTRONOMES ET DES NAVIGATEURS,

POUR L'AN 1857,

Publiée par le Bureau des Longitudes.

Prix........................ 5 francs.

Avec **ADDITIONS**........... 6 »

TRAITÉ DES POISONS,

Ou **TOXICOLOGIE** appliquée à la Médecine légale, à la Physiologie et à la Thérapeutique; par **M. Ch. Flandin**, docteur en Médecine de la Faculté de Paris. 3 vol. in-8, avec planches; 1853........................ 21 fr.

Les tomes II et III se vendent séparément........................ 14 fr.

La première partie de ce livre est connue du public. L'auteur y a exposé des doctrines que déjà le temps a jugées. Pour lui, il n'existe point de poisons à l'état normal. Les matières toxiques ne sont pas, comme on l'a dit, des *irritants*, des *stupéfiants*, etc., mais des matières inassimilables qui, pénétrant dans l'organisme par absorption, mettent obstacle aux mouvements ou aux actes chimiques et physiologiques auxquels est liée la vie. De là, une pathologie et une thérapeutique à part pour les empoisonnements. En outre, les poisons séjournent ou restent dans l'économie, et c'est à la chimie de les y découvrir, après comme avant l'inhumation des corps. M. Flandin indique, pour tous les cas, les procédés à suivre, et l'on sait, par le retentissement qu'ont eu divers procès, tout ce dont la Science, et l'on pourrait dire aussi les Tribunaux, lui sont redevables sous ce rapport.

ANNUAIRE POUR L'AN 1856,

PUBLIÉ PAR LE BUREAU DES LONGITUDES.

Un volume in-18. Prix..... 1 franc.

Paris. — Imprimerie de Mallet-Bachelier, rue du Jardinet, 12.

Paris. — Imprimerie de MALLET-BACHELIER, rue du Jardinet, 12.

www.ingramcontent.com/pod-product-compliance
Lightning Source LLC
LaVergne TN
LVHW050431160826
845677LV00002BA/656

* 9 7 8 2 3 2 9 6 7 9 2 8 0 *